Erik Breuer

Tornados und tropische Wirbelstürme im Vergleich

GRIN Verlag

Bibliografische Information der Deutschen Nationalbibliothek:

Die Deutsche Bibliothek verzeichnet diese Publikation in der Deutschen National-
bibliografie; detaillierte bibliografische Daten sind im Internet über http://dnb.d-
nb.de/ abrufbar.

Impressum:

Copyright © 2010 GRIN Verlag GmbH
Druck und Bindung: Books on Demand GmbH, Norderstedt Germany
ISBN: 978-3-656-45555-4

Dieses Buch bei GRIN:

http://www.grin.com/de/e-book/229689/tornados-und-tropische-wirbelstuerme-im-
vergleich

Tornados und tropische Wirbelstürme im Vergleich

Inhaltsverzeichnis

1 Einleitung 1

2 Klassifizierung von Tornados 2
   2.1 Entstehungskriterien und Entwicklung von Tornados 2
   2.2 Schäden durch Tornados 3
   2.3 Auswirkungen der Klimaveränderungen auf die Tornadoaktivität 4

3 Klassifizierung tropischer Wirbelstürme 5
   3.1 Entstehungskriterien für tropische Wirbelstürme 5
   3.2 Aufbau tropischer Wirbelstürme 7
   3.3 Entwicklung eines tropischen Wirbelsturmes 8
   3.4 Zugbahnen von Hurrikans 9
   3.5 Folgeschäden durch tropische Wirbelstürme 10
   3.6 Einfluss der globalen Erwärmung und Klimaanomalien auf tropische Zyklone 11

4 Fazit: Tropische Wirbelstürme und Tornados im Vergleich 11

Literaturverzeichnis 13

1 Einleitung

Ziel dieser Arbeit ist die vergleichende Darstellung von Tornados und tropischen Wirbelstürmen, zweier extremer Wetterphänomene, deren es, aufgrund der jüngeren Schadensvorkommen und Prognosen, welche eine Mehrung der Wetterextrema im Zuge der Klimaerwärmung vorhersagen, an verstärkter Aufmerksamkeit und Forschungsintensität bedarf.

Der erste Teil der Hausarbeit beschäftigt sich mit dem Wetterphänomen der Tornados. Zuerst wird eine grobe Einordnung von Tornados vorgenommen. Zur Entstehung dieses Wetterextrems sind bestimmte meteorologische und topographische Vorraussetzungen notwendig, anhand derer dann eine Darstellung zur Tornado-Entstehung im mittleren Westen der USA erfolgt. Diese beschränkt sich auf wesentliche Vorgänge, da auf dem Gebiet der Tornadoforschung noch große Unsicherheit in der Fachwelt herrscht. Im Anschluss werden die durch Tornados auftretenden Schäden erläutert und die Frage, ob es einen Zusammenhang von Tornadoaktivität und ‚global warming‘ gibt, geklärt.

Im zweiten Teil der Arbeit wird ähnlich wie zuvor bei den Tornados aber etwas ausführlicher eine Klassifizierung von tropischen Wirbelstürmen, ihren Entstehungskriterien, ihrer Entwicklung und möglichen Zugbahnen, sowie Schadensvorkommen vorgenommen. Ferner wird geklärt, ob der Einfluss von ‚global warming‘ und Klimaanomalien sich in dem statistischen Auftreten tropischer Wirbelstürme wiederspiegelt. Im abschließenden Fazit werden Tornados und tropische Wirbelstürme anhand der zuvor gewonnenen Erkenntnisse im Vergleich gegenüber gestellt.

2 Klassifizierung von Tornados

Tornados entstehen in der Regel in Kombination mit Superzellen. Ist dies nicht der Fall, so spricht man von Blindtromben oder Wolkentrichtern (funnel cloud). Die deutschen Bezeichnungen sind Windhose und Wasserhose (water spout) für über Land oder See entstehende schlauchförmige Wirbel (Klose 2008:319). Tornados sind in ihrer Entstehung und Größe abzugrenzen von Sand- oder Staubtromben (Ebel/Kraus 2003:103). Tornados werden in der 1973 von Fujita veröffentlichten F-Skala von F0 (schwach:64-117kmh) bis F6 (unvorstellbar >512kmh) nach ihrer maximalen Windstärke, den beobachtbaren Schäden, ihrem äußerem Erscheinungsbild, sowie weiteren, hier nicht weiter ausgeführten Merkmalen, eingestuft (Fujita 1973 zit. in Klose 2008:321-322).

Laut Definition des Glossary of Meteorology der American Society (2000) kann man „alle Wirbel, die sich aus konvektiven Wolken nach unten entwickeln und den Erdboden erreichen, Tornado nennen."(zit. in Ebel/Kraus 2003:103) Es handelt sich dabei um im Durchmesser 10 bis maximal 1000m große relativ kurzlebige, vertikal stehende Windwirbel, die in der Regel aus einer rotierenden, langlebigen Wolke, einer Superzelle zum Boden herauswachsen. Tornados rotieren mit 100 bis 150 m/s und weisen in ihrem elefanten- oder trichterartigen Rüssel einen ‚updraft' mit Geschwindigkeiten von bis zu 250kmh in Bodennähe auf. Die mit der Zugbewegung der Superzelle gekoppelte Geschwindigkeit liegt bei 50 bis 120kmh. 95 % der Tornados drehen sich zyklonal, da die mesoskaligen Systeme, aus denen sie meistens hervorgehen unter Corioliseinfluss stehen. Das Relief spielt beim Auftreten von Tornados keine unmittelbare Rolle. Allerdings kann die Orographie auf Makroebene die Mischung von trockenkalter und feuchtwarmer Luft verhindern und somit die Wahrscheinlichkeit von Tornadoaktivität herabsetzen (Klose 2008: 317-319).

2.1 Entstehungskriterien und Entwicklung von Tornados

In Nordamerika entstehen Tornados i.d.R. aus Superzellen-Gewittern. Aufgrund der Orographie, der sich dort befindenden Gebirge von Nord nach Süd verlaufend, können kalte, trockene Luftmassen aus dem Norden mit feuchten, wärmeren Luftmassen aus dem Golf von Mexiko aufeinander treffen. In Europa erstrecken sich die großen Gebirge eher von West nach Ost und bilden somit eine natürliche Barriere für meridionale Luftströmungen. Daher ist eine sehr starke vertikale Windscherung, sowie eine instabile und feuchte Warmluftadvektion mit Zustrom von kälterer Höhenluft des Atlantiks notwendig, damit sich Tornados bilden können (Klose 2008:319). Diese Arbeit beschränkt sich im Folgenden lediglich auf die Entstehung von Tornados in Zusammenhang mit Kaltfrontgewittern wie sie häufig in den USA auftretent.

Dabei entstehen durch Mischung von kalttrockener mit feuchtwarmer Luft auf sehr kleinem Raum starke Temperatur- und Feuchtegegensätze (Malberg 2007:158). Durch die schräge Überströmung von trockenkalter Höhenluft aus Nordwesten, mit unter intensiver Temperatur- und Feuchteadvektion stehender feuchtwarmer Luft aus Südosten, erfolgt eine starke Labilisierung (Häckel 2005:270, Klose 2008:319), sodass an einer Gewitterwolke mit besonders starker Labilität plötzlich starke wirbelnde Vertikalbewegungen der Luftmassen vom Boden zur Gewitterwolke auftreten. Es kommt zu einem Druckabfall am Boden, sodass von allen Seiten Luft nachfließen muss (Hupfer/Kuttler 2005:221f.). Die maßgeblich auftretenden Kräfte bestehen aus der Druckgradientkraft und der Zentrifugalkraft, welche zum Tornadokern und mit der Höhe zunimmt, während die Reibungskraft nur am Boden entscheidenden Einfluss hat. Die Druckgradientkraft ist in den Wirbel hinein gerichtet und befindet sich im Ausgleich mit der nach außen gerichteten Zentrifugalkraft. Die Coriolis Kraft kann aufgrund des sehr kleinräumig auftretenden Windsystems vernachlässigt werden, wenn gleich sie bei der Entstehung der Zyklone a priori durchaus eine Rolle spielt.

Da die höhere Reibungskraft in Bodennähe die Zentrifugalkraft verkleinert, wird eine stärkere Konvergenz erzeugt, sodass die Windkomponente in das Zentrum des Wirbels hineingezogen wird (Ebel/Kraus 2003:108). Je weiter man sich ins Zentrum des Wirbels begibt, desto stärker wirkt die Zentrifugalkraft, aufgrund des geringeren Radius. Mit Höhenzunahme überwiegt die nach außen gerichtete Zentrifugalkomponente dann deutlich den Reibungseffekt, sodass der Wirbel sich nach außen abschließt und der Saugeffekt am Boden verstärkt wird. Die Zentrifugalkräfte verschärfen den Druckabfall im Tornadokern (Hupfer/Kuttler 2005:223). Durch den niedrigen Druck kühlt sich die Luft, aufgrund der adiabatischen Expansion sehr stark ab und es kommt zur Kondensation. Die kondensierten Wasserdampfmoleküle mischen sich mit den aufgewirbelten Staub- und Trümmerteilchen, sodass die Tornadoröhre sichtbar wird (Ebel/Kraus 2003:108).

Die Wirbelstärke eines Tornados ist abhängig von der Rotationsgeschwindigkeit der Superzelle (Ebel/Kraus 2003:103). Abschließend ist anzumerken das die zur Entstehung eines Tornados führenden Prozesse äußerst komplex sind und die Wissenschaft selbst keine letzte Klarheit darüber besitzt, sodass diese Arbeit sich auf die wesentlichen Erkenntnisse stützt (vgl.Ebel/Kraus 2003:103).

2.2 Schäden durch Tornados

Das Phänomen von regelrecht explodierenden Gebäuden entsteht durch den in Gebäuden entstehenden Überdruck beim Überzug eines Tornados. Der Druckgradient zwischen hohem Druck im Gebäude und tiefen Druck des Tornadorüssels ist manchmal so stark das die Ge-

bäude gesprengt werden. Bei einer Betragsänderung des Luftdruckes um 100mbar würde das an einer 100 m^2 großen flachen Dachfläche, also eine mit 100 t zehrenden Masse ausmachen (Häckel 2005:270). Laut neueren Forschungserkenntnissen verursacht der Unterdruck im Tornadokern weitaus weniger Schäden als zunächst angenommen (Marshall 1993 zit. in E-bel/Kraus 2003:138). Die größten Schäden entstehen durch den starken Winddruck der zum Quadrat mit der Windstärke und der kinetischen Energie zunimmt. Ferner entstehen durch umgeschmissene und durch die Luft gewirbelte, sowie miteinander kollidierende Gegenstände Beschädigungen. Das typische Schadensbild ist eine je nach Größe und Bestehensdauer des Tornados wenige Meter bis 3km breite und bis zu 50 km lange Schneise der Verwüstung (E-bel/Kraus 2003:138).

Laut einer Studie von Brooks und Doswell III (2001:168-176) der Tornadoschäden zwischen 1890-1999 zur Folge, verursachten Tornados im Mittel mindestens 20 Menschenopfer und/ oder Sachschäden von mindestens 50 Millionen US-$. Die Zahlen sind um Inflation und Wohlstandsmehrung auf einen Wert von 1997 normiert. Die absolut gestiegenen ökonomi-schen Schäden sind auf Bevölkerungswachstum und Wohlstandsmehrung zurückzuführen und nicht auf den Klimawandel (Ebel/Kraus 2003:139). Der größte normierte Schaden eines Tor-nados betrug 3 Mrd. US-$ (Wert 1997) bei einem Tornado in St.Louis 1896 (Ebel/Kraus 2003:140). Jährlich entstehen im Durchschnitt Schäden von 500 Mio US-$ durch Tornados in den USA (Brooks/Doswell III 2001:168-176).

2.3 Auswirkungen der Klimaveränderungen auf die Tornadoaktivität

Zuletzt gab es in der Periode von 1950-1970 einen Höhepunkt von Tornadoaktivität, während z.B. das Tornadoaufkommen der Stärken F3-F5 seit 2000 tiefer ist als noch 1950. Die nach Davies-Jones et al. (2001) (zit. in Ebel/Kraus 2003:137) in den letzten 50 Jahren erhöhte An-zahl an registrierten Tornados ist auf eine höhere Bevölkerungszahl, der dem Tornadophäno-men gestiegenen Aufmerksamkeit und genaueren Überwachungsmethoden zurückzuführen. Sie konnte bisher nicht direkt mit dem Klimawandel in Zusammenhang gebracht werden (E-bel/Kraus 2003:137, Mogil 2007:116-117). Einige Forschungsansätze prognostizieren für die Zukunft ein vermehrtes Auftreten von lokalen Unwettern, aufgrund der Klimaerwärmung. Damit könnte theoretisch auch die Tornadoaktivität steigen. Allerdings ist das eine sehr wage Hypothese, da vor allem die Windverhältnisse ausschlaggebend für die Tornadobildung sind. Inwiefern die durch El Nino/Nina veränderte Großwetterlage über dem Pazifik die Tornado-bildung beeinflusst ist noch weitestgehend ungeklärt (Sävert 2009: Zur Klimatologie der Tor-nados. Abs. G).

3 Klassifizierung tropischer Wirbelstürme

Tropische Zyklone werden nach ihrer oberflächennahen mittleren Windstärke in tropische Depressionen (Windstärken bis zu 63 kmh), tropische Stürme (64 – 119 kmh) oder Hurrikane/Taifune (>119 kmh) untergliedert (Ebel/Kraus 2003: 143). Tropische Depressionen werden durchnummeriert und bekommen bei Ausweitung zu einem tropischen Sturm einen Namen (Sävert 2009: Zur Entstehung von Hurrikanen. Abs. Klasseneinteilung tropischer Wirbelstürme). Die mittlere Windstärke kann im 10 Min-Mittel (WMO-Kriterien) oder nach den NHC und JTWC –Kriterien im 1 min-Mittel gemessen werden (Ebel/Kraus 2003:144).

Tropische Wirbelstürme werden auf der Saffir-Simpson Skala von Kategorie eins (schwach) bis fünf (katastrophal) nach den durchschnittlichen Windgeschwindigkeiten und dem Luftdruck eingestuft (Hughes/Mayes:162). Auf der Nordhalbkugel gibt es drei typische Gebiete in denen tropische Wirbelstürme vorzufinden sind. In West-Indien und dem östlichem Pazifik werden sie als Hurrikans bezeichnet. Im indischen Ozean, speziell im Golf von Bengalen als Zyklone und vor China, Japan und den Philippinen als Taifune. Im süd-westlichen Pazifik vor Australien kommen sie als Willy-Willies und im südlichen Indischen Ozean als Mauritius-Orkane vor, siehe Abb.1 (Lauer 1995:140).

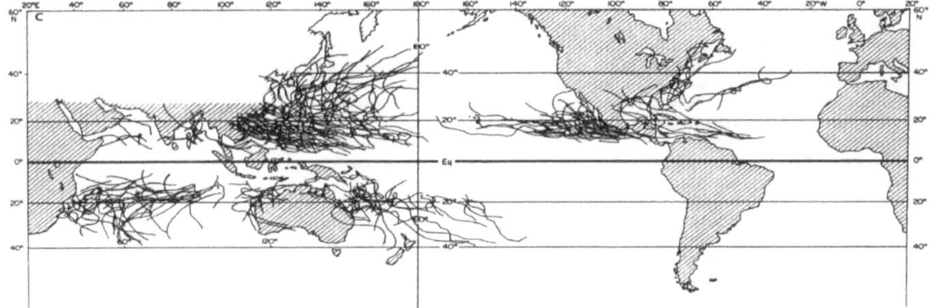

Abb. 1 Vorkommen tropischer Wirbelstürme (Quelle: Terry 2007:58)

3.1 Entstehungskriterien für tropische Wirbelstürme

Allgemein können sich tropische Wirbelstürme aus schon präexistierenden gewittrigen Störungen über allen tropischen Ozeanen, die warm genug sind (27°C) bilden. Des Weiteren ist die relative Nähe zur ITCZ (Klose 2008:327) und den dort potentiell auftretenden ‚easterly waves' und ‚cloud clustern' bedeutsam (Ebel/Kraus 2003:156). Etwa eine von vier ‚easterly waves' entwickelt sich in eine tropische Depression und nur eine von zehn in einen tropischen Sturm (Hughes/Mayes:162). Durch Störungen im Luftdruckfeld z.B. bei starker Luftdruckabnahme in der äquatorialen Tiefdruckrinne bilden sich flache tropische Wellen mit divergenten

Strömungsverhältnissen an der vorderen Seite und konvergenten auf der Rückseite. Es entstehen Wolkencluster mit hochreichender Kumulonimbusbewölkung (Malberg 2007:151).

Aufgrund der kalten Meeresströmungen auf der Südhalbkugel (Humboldtstrom, Benguelastrom, Falklandstrom, KapHoorn-Strom) und einer nordwärtsverlagerten ITCZ , können im Südatlantik und Südpazifik rein theoretisch keine Wirbelstürme auftreten (Klose 2008:327), da hierfür Wasseroberflächentemperaturen von mindestens 27°C vorhanden sein müssen (Klose 2008:328), sodass an der Wasseroberfläche starke Verdunstung stattfinden kann und der Sturm mit ausreichend Wasserdampf genährt wird (Ebel/Kraus 2003:156). Außerdem trägt eine hohe Wasseroberflächentemperatur zur Destabilisierung der Atmosphäre bei, wodurch die Stabilität gegenüber vertikaler Windscherung erhöht wird. Das liegt an der verbesserten Durchdringungshöhe für den Wirbel (Jansen/Lebfebvre 2005:178). Ist die Differenz von Wassertemperatur zur Temperatur der Luft in höheren Schichten besonders stark können sich allerdings auch bei niedrigeren absoluten Wassertemperaturen Stürme bilden (Sävert 2009: Abs.Voraussetzungen für die Sturmbildung). Ferner muss die Fläche des Ozeans in dem diese Bedingungen zutreffen relativ groß sein (Terry 2007:16).

Damit der zyklonalen Drehimpuls bei Wirbelstürmen eingeleitet wird, bedarf es mindestens 5 Grad geographischer Breite, da erst dann die Corioliskraft stark genug wirkt (Klose 2008:328), sodass gemäß dem Prozess der Vorticity-Verstärkung, durch eine Konvergenz der Wirbelströmung die zyklonale Wirbelung verstärkt wird (Ebel/Kraus 2003:157).

Da die für Tropenstürme elementare Wolkenbildung unter Konvektionsprozessen durch vertikale Windscherung horizontaler Winde behindert wird muss diese möglichst gering sein. Starke vertikale Windscherungen treten allgemein unterhalb von Strahlstromachsen und auch in El Nino Perioden im Atlantik auf (Klose 2008:329). Bei vertikalen Windscherungen von über 8 m/s zwischen dem 200 und 800 hPa Niveau werden Bildung und Intensivierung tropischer Zyklone gehemmt (Jansen/Lefebvre 2005:178). Vertikale Windscherungen führen zur Trennung der aufsteigenden Wolken von der atmosphärischen Grenzschicht und folglich zum Erliegen des Wärme, Wasserdampf und Drehimpuls Nachschubs aus selbiger (Ebel/Kraus 2003:157).

Für den Aufstieg von Wasserdampfteilchen in höhere Schichten der Atmosphäre ist eine ausreichend labile Schichtung der Atmosphäre von Nöten. Nur dann kann die Störung durch hochreichende Konvektion weiter wachsen (Ebel/Kraus 2003:157).

Es bedarf eines Ausgleichs für die starke Konvektionsbewegung am Boden eines Sturmes, da sonst zu viel Luft in die obere Atmosphäre geführt und der Konvektionsprozess aufgrund des

nachlassenden Druckgradienten geschwächt wird ehe sich ein tropischer Wirbelsturm bilden konnte (Mogil 2007:64).

Die Divergenz in der oberen Atmosphäre darf jedoch nicht durch zu starke einseitige Höhenwinde geprägt sein, da es sonst zur Auflösung des Sturmes kommt, weil das Sturmgebilde auseinander geweht wird. Durch eine Divergenz in Form von leichteren eher spiralförmig wehenden Winden wird Luft weggeführt ohne das Sturmgebilde dabei aufzulösen. Diese Winde sind typisch bei ausgeprägten Hochdrucksituationen in der oberen Atmosphäre und werden durch ein Tiefdrucksystem in der unteren Atmosphäre über dem Ozean komplettiert. Ausgelöst wird diese atmosphärische Konstellation unter anderem durch das Freisetzen von latenter Wärme während des Kondensationsprozesses über warmen Ozeanen und feuchter Luft (Mogil 2007:65).

3.2 Aufbau tropischer Wirbelstürme

Im Gegensatz zu außertropischen Tiefdruckgebieten besitzen tropische Zyklone keine Fronten, da sie aus einer homogenen sehr warmen und feuchten Luftmasse entstehen (Klose: 2008:328). Der Durchmesser von tropischen Zyklonen liegt im Durchschnitt bei 500-700 km (Terry 2007:26). In den äußeren Bereichen sind hohe Cirrus-Wolken vorherrschend, welche mit zunehmender Annäherung zum Zentrum in Cirrostratus und dann schließlich als mächtige konvektive Cumulonimbus-Wolken mit starker Gewitteraktivität rund um den Mittelpunkt, dem so genannten Auge des Sturmes vorzufinden sind. Der Bereich mit dichter Wolkenbedeckung und geringer vertikalen Scherung wird als CDO (central dense overcast area) bezeichnet (Terry 2007:28). In Abbildung 2 ist der typische tropische Zyklonenaufbau, als Profil zu sehen.

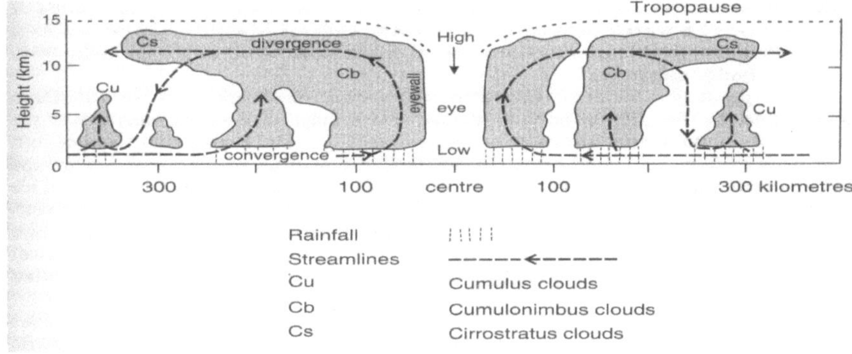

Abb. 2 Profil durch eine tropische Zyklone (Quelle: Terry 2007:19)

3.3 Entwicklung eines tropischen Wirbelsturmes

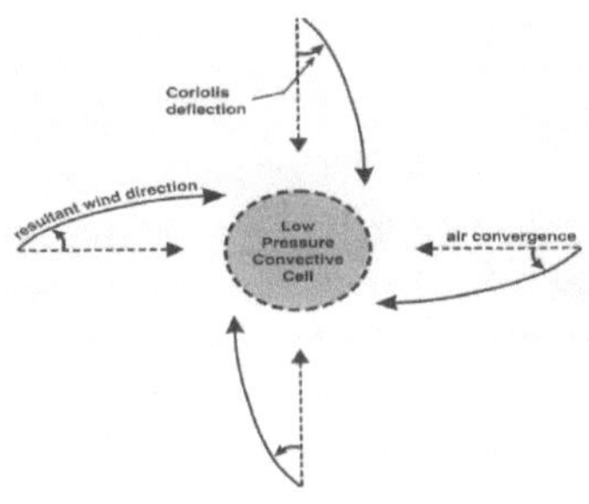

Abb. 3 Coriolis-Effect(Quelle:Terry2007:18)

Stark vereinfacht ähneln sich die Luftströmungen eines tropischen Wirbelsturmes, denen eines Deckenventilators im Wintermodus. Kältere Luft aus Bodennähe wird nach oben gewirbelt, während die wärmere Luft im Zentrum nach unten gedrückt wird (Mogil 2007:65). Durch starke allseitige Konvergenz am Bodentief wird die zum Sturmzentrum einströmende Luft jeweils durch den Coriolis-Effekt auf der Südhalbkugel nach links abgelenkt, sodass sich ein nach dem Uhrzeigersinn drehender spiralförmiger Wirbel, wie in (Abb. 3) zu sehen bildet. Die sich spiralförmig eindrehenden Luftmassen versorgen das Sturmtief mit feuchter, warmer Luft, (Terry 2007:18-19) aus der ein Wirbelsturm durch Freisetzung von latenter Energie aus dem zuvor kondensierten Oberflächenwasser seine Energie bezieht (Hupfer/Kuttler 2005:220). Die dabei entstehende Wärme, eine bedingt labile atmosphärische Schichtung und die Divergenz in der Höhe führen somit unabdingbar zu Hebungsprozessen der feucht-warmen Luft (Hupfer/Kuttler 2005:221). Ist erst einmal die Entwicklung eines tropischen Wirbelsturmes eingeleitet, so entwickelt sich eine selbstverstärkende Dynamik. Die freigesetzte Wärme sorgt für einen zunehmenden Druckfall in der unteren Atmosphäre und erhöht dadurch den Druckgradienten und die Ansaugwirkung und damit auch die Vorticity (Ebel/Kraus 2003:158). Im oberen Teil der Atmosphäre in ca. 16 km Höhe strömt die Luft antizyklonal aus und erhält das System somit aufrecht. Es entsteht ein in seiner horizontalen Ausstreckung sehr weitläufiger Cirrenschirm (Malberg 2007:153).

Das turbulente Aufschießen der feucht-warmen Luft findet in sogenannten ‚feeder bands' (Terry 2007:19), langen Gewitterbändern statt, die sich um das Zentrum des Auges radial anordnen (Huper/Kuttler 2005:221). Das so genannte Auge, eine nahezu wolkenfreie und windschwache im Durchmesser 20 – 60 km große, trichterförmige Zone bildet das Zentrum eines tropischen Wirbelsturmes (Klose 2008:331). Hier werden die tiefsten Luftdruckwerte von bis zu 890hPa (gemessenes Minimum) erreicht (Lauer 1995:140). Im Auge kommt es durch trockenadiabatische Absinkbewegung von Luftteilchen zum Absinken der relativen Luftfeuchtigkeit, Wolkenauflösung und zu Temperaturanstiegen (Ebel/Kraus 2003:146). Der wärmere Kern grenzt tropische Wirbelstürme unter anderem von tropischen Depressionen, die einen kalten durch Niederschlag geprägten Kern haben ab (Terry 2007:30). Das Absinken der Luft im Auge erfolgt um einen Druckausgleich zu erlangen, da im inneren Zentrum eine nach

außen gerichtete, also divergente Windströmung am Boden herrscht, sodass ein Ausgleichs-fluss aus der Höhe kompensierend wirkt (Ebel/Kraus 2003:163).

Die spiralförmigen Wolkenbänder umschließen das Sturmzentrum kreisförmig in einem ‚Eye-Wall' Wolkenwall (Ebel/Kraus 2003:145). Diese auch als ‚hot towers' bezeichneten bis 16 km hochreichenden Gewitterwolkentürme weisen die größten horizontalen und vertikalen Windgeschwindigkeiten auf. Jene liegen bei 35 bis 70 kmh (vertikal) und 200 bis 400kmh (horizontal). In diesem rund 30 bis 40 km breiten Bereich fällt der meiste Niederschlag (500 bis 2000 l/m^2). Auch herrschen dort potentiell hohe Temperaturen und die maximale horizon-tale Windscherung. Im Bereich des Wolkenwalls, insbesondere im auf der NHK in Zugrich-tung rechten vorderen Quadranten, kann es zur Entstehung von Tornados kommen (Klose 2008:332). Zurückzuführen ist dies auf die maximalen Druckgradienten und somit dem stärksten Einströmen feuchtwarmer Luft in die Zyklone. Außerdem vereint sich hier die Zug- und Windgeschwindigkeit des Sturmes (Klose 2008:329). Bei ‚landfall' lässt dann aufgrund der Reibung die Windgeschwindigkeit im unteren Teil des Hurrikans stärker nach, als im obe-ren, sodass es zu verstärkter vertikalen Windscherung kommt und damit die Entstehungsbe-dingungen für Tornados günstig sind (Novlan and Gray 1974 zit. auf Sävert Mai 2009: Abs. FAQ L2).

Je stärker ein Hurrikan sich intensiviert, desto kleiner wird das Auge. Erreicht der Hurrikan seine maximalen Windgeschwindigkeiten von ca. 240kmh, so umfasst die Größe des Auges noch ungefähr 10-20 km. Die maximale Intensität ist erreicht. Der Hurrikan beginnt sich i.d.R. wieder abzuschwächen (Klose 2008:329). Generell werden Hurrikane schwächer, je weiter sie nach Norden kommen, da dort geringere Meerestemperaturen und somit weniger energiereicher Wasserdampf aufgenommen werden kann. Ferner werden sie bei ‚landfall' durch die entstehende Bodenreibung gebremst (Häckel 2005:272). Sie können allerdings auch oberhalb von warmen Meeresflächen zum Erliegen kommen, wenn sie in Gebiete mit starker vertikaler Windscherung geraten. Dann wird die Verbindung zwischen dem konvergenten, bodennahen Windfeld und der divergenten Höhenströmung unterbrochen, sodass das Sturm-gebilde auseinander gerissen und die Saugwirkung unterbrochen wird (Terry 2007:22).

3.4 Zugbahnen von Hurrikans

Als steuerndes Element für tropische Wirbelstürme gelten die Hochdruckrücken der Subtro-pen, an dessen Südflanken die Wirbelstürme mit der tropischen Ostwindströmung westwärts wandern (Hupfer/Kuttler 2005:222). Ein vor der Westküste Afrikas entstehender Hurrikan würde somit über den Atlantik Richtung Westen wandern und dabei vielleicht an Stärke ver-lieren, da er über kältere Meerespassagen zieht und somit sein Energienachschub kleiner wird.

Vor der nordamerikanischen Ostküste ändert er seine Zugbahn Richtung Norden und gelangt in die Westwindzone, wo er als abgeschwächte Zyklone mit den Tiefs der mittleren Breiten nach Osten zieht (Malberg 2007:154). Die weitaus verheerendere Variante ist z.B. der Hurrikan Katrina der am 29.8.2005 New Orleans verwüstete. Katrina bildete sich am 23.8. zunächst im Atlantik bei den östlichen Bahamas als tropische Depression und intensivierte sich zum Hurrikan der Stufe 1. Während des ‚landfalls' über Florida schwächte Katrina sich zunächst ab, ehe sie sich aufgrund der äußerst warmen Wassertemperaturen um 30°C im Golf von Mexiko zu einem Hurrikan der höchsten Kategorie verstärkte und dann auf die Südküste der USA traf (Malberg 2007:155-156).

3.5 Folgeschäden durch tropische Wirbelstürme

Betroffen sind alle Ozeane und Küstengebiete, die in typischen Einzugsschneisen von tropischen Zyklonen liegen. Durch hohe Wellen, Sturm und Tornados sind die Schiffart, der Flugverkehr und Ölplattformen auf den Ozeanen betroffen. Während an Land vor allem dicht besiedelte, industrieintensive Küstengebiete und Regionen mit hügeligem Relief betroffen sind (Ebel/Kraus 2003:164).

Die höchste Bedrohung bei tropischen Wirbelstürmen resultiert aus der ausgelösten Flutwelle, die in Verbindung mit zusätzlich starken Niederschlägen für starke Überschwemmungen sorgt (Häckel:272). Aufgrund der höheren Dichte von Wasser gegenüber Luft, ist die Zerstörungskraft durch Wassermassen deutlich stärker (Mogil 2007:73). Allein aufgrund des geringen Luftdrucks kommt es pro 50hPa Druckfalls über Meer schon zu Wasserstandserhöhungen von 0,5m. Zusätzlich sorgen die auflandigen Winde für eine Verstärkung der Tidenaktivität und des Aufwogens von Wellen an der Küste (Klose 2008:333). Verstärkt wird die Flutwelle dann zusätzlich in Regionen mit Buchten, da die Wassermassen sich nicht gleichmäßig ausbreiten können, sondern stärker aufgestaut werden (Mogil 2007:73). Dabei ist nicht nur die Überflutung durch das offene Meer, sondern wie im Falle Katrina 2005, die durch starke Niederschläge ausgelöste, vom Inland kommende Flut verheerend. Durch anhaltende Regenfälle laufen Kanäle und Flüsse über, die oft nicht so gut durch Deiche geschützt sind, wie die zum Meer expandierten Gebiete (Malberg 2007:156). Es kommt zu schweren Erdrutschen und nicht selten ertrinken viele Menschen und Tiere in den Fluten (Ebel/Kraus 2003:166).

Durch die starken Winde entstehen starke Staudrücke auf den angeströmten Objekten. Bei 290 km/h Windgeschwindigkeit würden 155 Kilonewton auf ein Objekt wirken. Aber nicht nur die reine Kraft des Windes, sondern vor allem die Schwankungen in verschiedenen Frequenzen, durch die Luft geschleuderte Gegenstände, sowie die ausgelöste Tornadoaktivität sorgen für erhebliche Sach und Menschenschäden (Ebel/Kraus 2003:165).

Im Mittel entstanden von 1925 bis 1996 jährlich Schäden von 4,9 Milliarden US-$ durch tropische Zyklone in den USA. Die Zahlen sind inflationsbereinigt und auf den Wohlstand und die Bevölkerungsdichte an den Küsten normiert. Dabei entfallen 83 % aller Schäden auf die stärksten Hurrikane (Ebel/Kraus 2003:171-172).

3.6 Einfluss der globalen Erwärmung und Klimaanomalien auf tropische Zyklone

Befinden wir uns in einer positiven ENSO-Phase, also El Nino, kommt es durch die positiven Temperaturanomalien des Nordostpazifiks zu einer Verstärkung der vertikalen Windscherung im tropischen Nordatlantik. Dadurch wird die Entstehung von tropischen Wirbelstürmen über dem Atlantik gehemmt. Ein empirisches Beispiel stammt aus dem Jahr 1982 mit äußerst starker El Nino-Ausprägung. In diesem Jahr bildeten sich nur 5 tropische Stürme, von denen sich lediglich 2 zu Hurrikans entwickelten. Umgekehrtes gilt für negative ENSO-Phasen (Jansen/Lefebvre 2005:178). Ferner hat die mehrdekadische Klimavariabilität in Form der AMO (Atlantic Multidecadal Oscillation) ein im Mittel 40-60 Jahre andauernder Zyklus mit überdurchschnittlich warmen Wasseroberflächentemperaturen im Atlantik Wirkung auf die Hurrikanentstehung. Seit der letzten Kaltphase von 1970-1990 herrscht seit den 90er Jahren eine durch erhöhte Wirbelsturmaktivität geprägte, wärmere Phase vor (Jansen/Lefebvre 2005:178). Allerdings ist man sich uneinig inwiefern ‚global warming' insgesamt und dadurch ausgelöste Meerestemperaturveränderungen sich auf Wirbelsturmaktivitäten auswirken, da der letztlich entscheidendere Faktor die vertikale Windscherung darstellt (Hughes/Mayes 2004:167). Auch die deutlich verbesserten Beobachtungsmöglichkeiten, der sehr kurze Zeitraum von nur etwa 100 Jahren auf denen sich die meisten Studien berufen lässt Zweifel darüber aufkommen, ob es tatsächlich eine Zeit mit ungewöhnlich vielen und intensiven Wirbelstürmen bevorsteht (Rosenhagen 2007:Artikel Klimawandel?).

4 Fazit: Tropische Wirbelstürme und Tornados im Vergleich

Beides sind extreme Wetterphänomene, die sich in Form von rotierenden Wirbeln in der Atmosphäre abspielen und nur unter sehr speziellen meteorologischen Bedingungen entstehen und mit extremen horizontalen und vertikalen Luftbewegungen und Niederschlagserscheinungen verbunden sind. In Abb. 4 wird einer der Hauptunterschiede im Strömungssystem deutlich. Bei tropischen Wirbelstürmen (a) gibt es im Zentrum eine Absinkbewegung und die turbulenten Luftflüsse befinden sich um das Zentrum herum verteilt, während bei Tornados (b) im Zentrum ein turbulentes Aufsteigen erfolgt.

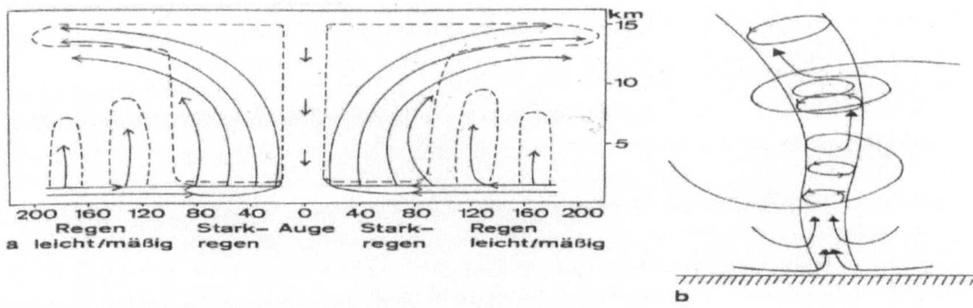

Abb.4 a) Profil tropische Zyklone, b)Tornado (Quelle: Malberg 2007:153)

Durch die Rotations- und Vertikalbewegungen, sowie den bei tropischen Wirbelstürmen vorkommenden Starkniederschlägen werden erhebliche Sach- und Menschenschäden verursacht.

Die Schäden durch Hurrikans sind allerdings erheblich höher, da sie durch die Kombination starker Winde, Niederschläge und ihrer größeren zeitlichen und räumlichen Dimension gegenüber Tornados auftreten, die lediglich durch die hohen Windgeschwindigkeiten Schäden anrichten. Während Tornados in den USA im Mittel 500 Mio. US-$ jährlich an Schäden verursachen und der größte jemals durch einen Tornado ausgelösten Schaden 2,9 Milliarden US-$ betrug richten Hurrikans jährlich 5 Millarden US-$ an Schäden an. Ein einzelner Hurrikan mit ‚landfall' richtet dabei genauso viel Schaden, wie der teuerste Tornado an.

Ferner unterscheiden sich die beiden unterschiedlichen Wirbelsysteme wesentlich in ihrer Größe und zeitlichen Auswirkung. Hurrikans haben im Schnitt einen Durchmesser von 500km und eine Lebensdauer von Tagen bis Wochen und somit eine deutlich längere Zugbahn. Tornados können maximal Durchmesser von 1 km in der Regel aber eher 100m erreichen und haben eine wesentlich kürzere Lebensdauer von einigen Minuten bis Stunden. In Folge ist der Luftdruckabfall und folgender Anstieg beim Vergleich der beiden Systeme bei Tornados deutlich rapider.

Die meteorologischen Voraussetzung für die Bildung von Hurrikans setzen eine warme Ozeanoberfläche, mindestens 5 Grad Breite und eine geringe vertikale Windscherung (unter 8 m/s voraus). Die Entstehung erfolgt aus mehreren Gewitter- oder Schauerzellen in Folge von Cloud Clustern und ‚easterly waves'. Es kommt nur zu geringen Temperaturgegensätzen innerhalb des Hurrikans, da der in Folge des tiefen Druckes im Auge zustande kommende Temperaturfall durch die trockenadiabatische Absinkbewegung im Zentrum kompensiert wird. Allerdings kommt es zu Zonen mit unterschiedlicher Bewölkung, Niederschlag, Windgeschwindigkeiten und einer Abkühlung der Meeresoberfläche durch den Verlust von Energie bei der Verdunstung.

Tornados hingegen weisen sehr starke Temperaturgegensätze auf. Ihr Kern wird in Folge der adiabatischen Abkühlung durch den starken Druckfall im Kern im Verhältnis zur Umgebung stark heruntergekühlt. Die Entstehung erfolgt meist aus einzelnen Superzellen und kann sowohl über Land, als auch dem Meer erfolgen. Es bedarf dabei im Gegensatz zu Hurrikans einer Mischung von kalttrockener mit feuchtwarmer Luft und starken vertikalen Windscherungen von über 8 m/s. Wie diese Arbeit gezeigt hat unterscheiden sich tropische Wirbelstürme und Tornados recht deutlich voneinander. Ihnen gemeinsam ist ihr extremes Schadenspotential und die Kontroverse, die beide Phänomene in der Fachwelt bezüglich der Frage, ob und in welchem Maße eine Korrelation zwischen Intensität und Häufigkeit des Auftretens beider Ereignisse und des Klimawandels besteht.

Literaturverzeichnis

3satonline: Klimawandel? Doppelt so viele Atlantik-Stürme wie 1900 (31.07.2007). http://www.3sat.de/dynamic/sitegen/bin/sitegen.php?tab=2&source=/nano/astuecke/82 737/index.html abgerufen am 10.03.2010.

Brooks, H. E./Doswell C. A. III, (2001): Normalized damage from major tornadoes in the United States: 1890-1999. In: Wea. Forecasting, 16, 168-176.

Ebel, U./Kraus, H. (2003): Risiko Wetter- Die Entstehung von Stürmen und anderen atmosphärischen Gefahren. Berlin Heidelberg: Springer-Verlag.

Häckel, H. (2005 5.Aufl.): Meteorologie. Stuttgart: Eugen Ulmer KG.

Hughes, K./Mayes, J.(2004): Understanding Weather- A visual approach. London: Hodder Education.

Hupfer, P./Kuttler, W.(2005): Witterung und Klima- Eine Einführung in die Meteorologie und Klimatologie. Wiesbaden: Teubner-Verlag.

Jansen, J./Lebfebvre, C.(2005): Das Hurrikanaufkommen im Nordatlantik. In: Klimastatusbericht,174-180.

Klose, B. (2008): Meteorologie- Eine interdisziplinäre Einführung in die Physik der Atmosphäre. Berlin Heidelberg: Springer-Verlag.

Lauer, W.(1995 2.Aufl.): Klimatologie. Braunschweig: Westermann.

Malberg, H. (2007): Meteorologie und Klimatologie- Eine Einführung. Berlin Heidelberg: Springer-Verlag.

Mogil, H. M. (2007): Extreme Weather- Understanding the Science of Hurricanes, Tornadoes, Floods, Heat Waves, Snow Storms, Global Warming and other Atmospheric Disturbances. London: New Holland Publishers (UK) Ltd.

Sävert, T.: Naturgewalten. http://www.naturgewalten.de/hurrikan.htm abgerufen am 29.02.2010.

Terry, J. P. (2007): Tropical Cyclones- Climatology and Impacts in the South Pacific. New York: Springer Science & Business Media, LLC.